UNIVERSO INTELIGENTE
Qual é o futuro da vida dentro do universo?

WLADIMIR MOREIRA DIAS

UNIVERSO INTELIGENTE

"Quando falamos do infinito, não há fatos eternos, como não há verdades absolutas."

Copyright © 2014 by Wladimir Dias

6

UNIVERSO INTELIGENTE
 Qual é o futuro da vida dentro do universo?

Copyright © 2014 by Wladimir Dias
Produção editorial – Kiev Editora
**Catalogação Internacional de Publicação (CIP) (Câmara Brasileira do Livro, SP, Brasil)
Índices de catálogo sistemático: 000 1: 000 000 - 2014
IMPRESSO NO BRASIL - PRINTED IN BRASIL**

"Este livro é dedicado aos revolucionários amantes da liberdade e apaixonados pela vida e o universo."

Agradeço a colaboração e a confiança de todos que me ajudaram a tornar este projeto uma realidade, pois um livro, além das letras, é também som, cheiro, cor e vida..

Qual é o destino final do nosso universo?

PREFÁCIO

Este livro descreve através de uma viagem cósmica de que maneiras o universo poderia chegar ao ponto de autoconsciência, apresentando idéias inéditas, possibilidades incríveis na área da computação e da nanotecnologia, engenharia planetária e diferentes formas de vida em outros corpos celestes.

Nos deparamos com a busca pelas civilizações alienígenas, computadores quânticos que podem superar nossa inteligência e nano máquinas capazes de estabelecer vida artificial através do Cosmos.

Além de todo esse conteúdo diversos boxes com curiosidades e textos explicativos entremeiam as páginas, oferecendo uma leitura mais dinâmica e didática buscando sempre as entrelinhas da vida.

Se for ler, prepare-se para receber idéias que poderão fazê-lo certamente repensar seu sistema de crenças sobre o universo e a vida.

Num mundo materialista e reducionista, estar diante de argumentos coerentes e corajosos que nos levam a considerar a possibilidade do Cosmos e da Consciência serem uma só coisa, certamente é um privilégio intelectual que irá expandir sua mente sobremaneira.

Como Einstein disse: "uma mente que se abre a uma nova idéia jamais voltará ao seu tamanho original". Boa leitura.

APRESENTAÇÃO

A complexidade da criação, em todos os seus aspectos, tem atravancado teorias e rendido calorosas discussões sobre este tema que fascina tanto os mais curiosos.

Hoje com o extraordinário avanço da nanotecnologia e o mapeamento do genoma humano, esta sendo possível buscar algumas respostas e chegar mais próximo da última fronteira, os tijolos básicos de que todo o universo seria formado.

Este livro vai dar uma idéia bastante ampla sobre todos os aspectos da evolução, do início do universo a primeira célula, da extinção dos dinossauros a natureza humana, do genoma a inteligência artificial, da conquista do espaço ao computador quântico e certamente vão aclarar muitas das idéias do leitor, dando-lhe condições para que busque por si mesmo, um aperfeiçoamento dos temas aqui abordados.

Nesta nossa grande busca por respostas, existem um grupo de pesquisadores considerados pouco tradicionais, que vivem tentando encontrar um tipo de estado de êxtase baseado em suas avaliações científicas, onde seria possível acessar a chamada vida exponencial.

Quando os visito gosto de ficar ouvindo as suas teorias e conceitos sobre a vida e o universo.

De um modo geral, acho que devemos sempre estar aberto as novas ideologias existencialistas, que de alguma forma nos ajude a montar este quebra cabeça de nossas reais origens.

Eu estava muito curioso a respeito do tema e fui logo lhes perguntando, afinal o que significa exatamente este termo "vida exponencial", pois não tinha idéia do que se tratava.

Um dos pesquisadores então após se servir com um pouco de licor, gentilmente foi me explicando, dizendo-me que era um tipo de expressão de vida, cuja estrutura seria formada por várias dimensões, que se multiplicavam de forma exponencial, sempre baseada em freqüências diferentes, formando um tipo de sintonia interminável entre estes universos, que ficariam paralelos ao nosso, superpostos e entrelaçados, mas que não poderiam ser percebidos por sentidos normais.

Isto aconteceria devido as suas matizes serem um pouco diferentes, aliás, algumas destas teorias são até bem explicadas pelos fundamentos da física quântica, quando se esmiúça o comportamento das micro partículas dentro do microcosmo de energia existente dentro da estrutura interna do átomo, não sei se conhece algo sobre este assunto, mas é bem interessante.

Neste universo de energia, não existe o espaço tempo e estas partículas mudam seus comportamentos quando de alguma forma sentem que estão sendo observadas. Eu até conheço um pouco sobre isto lhe disse e após esta pequena pausa continuou...

Acreditamos que estes universos existem, contudo, não podem ser observados, mas apenas podem ser sentidos e em uma possibilidade remota até mesmo subentendidos, entretanto raramente conseguimos fazer algum tipo de contato.

Para isto, utilizamos algumas técnicas específicas de transcendências, que esta baseada na visão que temos sobre a matéria como um todo.

Considerada por nós uma simples expressão de energia, definição esta, que vale também vale para todos os outros universos paralelos e especificamente no nosso caso, esta expressão se inicia na base da estrutura interna dos prótons, que é um dos componentes do átomo.

Para nós ainda, esta expressão de energia oscila em freqüências específicas, sendo única para cada universo, definindo-se então desta forma, várias características da matéria e em hipótese, se algumas destas freqüências fundamentais pudessem ser mudadas, causaria transformações incríveis e inimagináveis na forma da matéria como a conhecemos, transpondo todos os conceitos fundamentais sobre o espaço-tempo, abrindo-se a oportunidade de possíveis contatos imediatos, com outras dimensões e para isto, vivemos nos aperfeiçoando em nossos exercícios de introspecção profunda, buscando zonas intermediarias de transição entre o abstrato da vida e a mente.

De forma resumida, acreditamos que estas flutuações quânticas amplificadas determinaram à história do nosso universo, do sistema solar, dos planetas e ainda em um nível genético, determinando a existência dos sistemas adaptativos complexos e do próprio homem.

Analise comigo, se isto não tem a sua lógica, pois se tudo na nossa vida possui uma determinada freqüência de vibração, inclusive os nossos pensamentos e emoções, resultado de uma realidade formada em princípio por um aglomerado de átomos, que vibram de diferentes formas em vários estados de energia. Imagine comigo, se o homem em um exercício de inteligência, que lhe é peculiar, possa em um futuro longínquo, através da posse de detalhes desta característica dimensional da matéria, ignorar estas informações, não se utilizando delas para construir a sua realidade da maneira que quizesse.

Eu tenho certeza que farão isto, disse-me enfaticamente e depois ainda ratificando.

Acho que isto será realmente possível, considerando-se, que se a nossa percepção da realidade, depende simplesmente da maneira como o nosso cérebro processa as várias informações que ele recebe, através de nossos sentidos, tudo isto seria como uma sintonia de radio, que ao mudarmos de frequencia, estaríamos tambem mudando a música a ser tocada.

Quando entramos neste ritmo cósmico de pulsação, é relevante também compreender a necessidade que a vida tem de pulsar em seus vários prismas ou lados, sem ficar estagnada em apenas um deles e tudo que existe através dela, tem um pouco desta verdade cósmica, que não é absoluta, pois para a nossa realidade, o absoluto não existe somente o relativo.

O absoluto é infinito e grandioso demais para poder ser contido em apenas um conceito, uma imagem, já que envolve infinitos pontos por onde ele fluí, mas para o relativo de nossa vida temporal, estes movimentos pulsatórios de ressonância estão presentes desde o momento do nosso nascimento, pois é ele que diferencia um organismo do outro e o singulariza.

Quando ocorre esta sintonia, se cria instantaneamente uma grandiosidade e um fluxo de vida que vai até a alma.

Ela cria a melodia do contato e organiza a dinâmica do sujeito, agindo através de uma integração que se mantém estável, até o momento da separação que é o ápice deste processo, definido pelo milagre do nascimento.

Toda esta pulsação se dirige a um mesmo fim e esta implicada num mesmo destino, em um processo harmônico de sintonia entre todos, em uma dança do encontro, que ocorre a partir de todas as vidas, que é absoluta em sua essência.

O enigma da vida, para nós funciona como uma cordilheira de esperanças, onde através da alegria de existir mesmo que por um momento, possa nos levar a realizar os nossos anseios de uma vida eterna.

Nunca poderemos viver de maneira correta e harmoniosa, enquanto não soubermos qual a razão das nossas vidas, o porquê da nossa existência e o que exatamente viemos fazer aqui como pessoas.

Nós somos extremamente adaptáveis às vicissitudes do ambiente e mesmo nos mais rudimentares, sempre estamos interagindo e de alguma forma modificando-o, nesta nossa busca contínua de energia para a sobrevivência da espécie.

Nossos mecanismos de adaptação funcionam sempre no sentido de evitarmos colapsos e garantirmos a organização dos sistemas em prol da vida.

Por exemplo, se deixarmos nosso quarto a esmo, com o tempo estaremos vivendo em um verdadeiro caos, com sujeira e objetos por todos os lados.

Nesta situação alguém terá que realizar algum trabalho, para fornecer a energia necessária, para que o quarto volte para o seu nível de organização anterior, pois de outra forma, ele jamais voltará espontaneamente ao seu estado inicial de organização.

Este é um processo reversível, diferente do envelhecimento de uma pessoa, que é um processo irreversível, onde não há possibilidade de retorno ao estado inicial nem mesmo com a realização de trabalho externo.

A maior parte de nosso tempo é gasto inconscientemente buscando-se aquilo que nos de prazer, agindo através de nossos pensamentos, emoções e principalmente da nossa capacidade cognitiva.

Este tempo de vida pode ser encarado como um campo escalar definido em todo o universo e estaria em constante variação em um único sentido, sempre aumentando em diferentes taxa de acordo com a região do espaço em que se encontra e sua velocidade em relação ao referencial supremo.

Acreditamos ainda que a vida tem como meta final, a harmonização de todas as energias e neste processo, a nossa alma seria a interface, tendo um papel imprescindível, pois atuaria como um depósito destas energias, que iria se acumulando no decorrer de nossas vidas.

Acreditamos que existem vários tipos de energia, e esta específica não seria gerada pelo mundo do átomo, mas seria de outro tipo, com características bem mais abstratas e que só poderia ser desenvolvida a partir da transformação de energia, conseqüência esta direta de nossas ações.

Se esta ação for altruística, entraria somando como uma aura, mas se for egoística, entraria subtraindo no total desta energia armazenada.

Acreditamos também que todos nós quando nascemos, recebemos um valor default desta energia, sempre definida pela média de energia de todos os seres viventes e a partir deste momento, esta oscilação dependeria das ações deste individuo no decorrer de sua vida.

Isto significa...

Para nós, este nível de energia influenciaria diretamente na nossa transposição para outros níveis da vida, além de definir o nosso nível espiritual neste novo local.

Para a vida, este nível atuaria diretamente no seu resultado final de evolução.

Para eles, ela tem uma característica irrefutável de transformação e deste modo vai se imiscuindo em todas as interconexões da existência.

Todos nós somos um elo que participa desta evolução e estamos continuamente contribuindo neste processo de acumulo e depuração da energia.

O grande propósito da vida é a conquista da onisciência e da onipotência, mudando desta forma a essência de todos nós, que hoje é única, relativa e temporal.

Mas, para a nossa realidade o que realmente importa, é a intensidade do momento.

A nossa vida vale não só pela sua duração, pois uma vida breve, também tem o seu valor em si mesma, ficando definido na intensidade em que podemos viver cada momento que nos é concedido e que pode de alguma forma dar a nossa existência um novo colorido, um novo sabor e um novo sentido.

Ela é válida principalmente pela intensidade que lhe damos, pelos vários objetivos que nos animam e dependendo de como agirmos, estaremos selando um futuro melhor para todos.

A nossa mente é uma combinação de sensação, percepção, idéia e consciência.

Daí vem à importância de buscarmos neste tempo, a sabedoria e a compreensão para praticarmos atos que proporcionem um caminho evolutivo para a vida e não regressivo.

Gosto muito destes temas e tempos atrás li um artigo que sugeria ao leitor, que para poder entender este nosso universo, deveríamos nos imaginar a um trilhão de anos-luz da terra e continuava...

Em hipótese, este artigo considera que o nosso universo visto desta distância, não seria mais que um ponto de luz de vinte bilhões de anos e que poderia perfeitamente estar convivendo com outros universos, semelhantes ou diferentes.

Na verdade, ele seria como se fosse uma simples célula em um corpo maior representado pelo infinito.

Achei muito interessante esta definição, até bem simples, considerando-se a complexidade dos detalhes que envolvem nossas vidas.

Realmente seria maravilhoso, se em um futuro longínquo, tudo isto fosse verdade, pois abriria um leque fantástico de pesquisas e possibilidades, até então inimagináveis para a nossa realidade.

Podendo inclusive em uma hipótese bem remota, mudar até as nossas referências sobre o espaço-tempo.

A grande verdade é que infelizmente a nossa ciência ainda esta muito longe da solução dos enigmas que nos cercam, afinal nem rompemos ainda a barreira da velocidade da luz, mas as dificuldades dos princípios fazem parte do processo da evolução humana.

Que pode ser considerado um resultado desta nossa longa evolução genética, que somada a trajetória pessoal em um meio físico, definiu o que somos hoje.

Quando observo as estrelas, percebo, o quanto nós seres humanos, não sabemos nada, vivemos ainda envolto a muitos enigmas, sobre a nossa verdadeira realidade, se somos realmente apenas um elo no tempo, ou se somos mais.

Nós ainda não conseguimos responder perguntas básicas, como de onde viemos e para onde vamos, ou como surgiu à primeira célula e se estamos sozinhos no universo.

Estas são questões intrigantes de nossas vidas e sinceramente acredito que grande parte do sofrimento humano no decorrer da história aconteceu principalmente, devido a este pouco entendimento que temos de nossas reais origens.

Acho este assunto fascinante, principalmente no que se refere à criação da primeira célula.

Eu sempre procuro na medida do possível, formar conceitos sobre tudo que se relaciona com a vida, mas sempre focalizando mais, a sua influência sobre as emoções, que em minha opinião, é a verdadeira luz da matéria, o que realmente importa na vida.

Acho que todas estas questões sobre a criação são muito intrigantes e por isto exige um alto grau de subjetividade nas suas conclusões, pois depende muito da visão que cada pessoa tem de si mesma e dos elementos que formam o nosso universo.

Olhando para meu amigo pesquisador e após um breve sorriso, perguntei lhe, se ele tinha alguns minutos para ouvir algumas de minhas teorias sobre a criação, mas obviamente, sem nenhum compromisso com a verdade dos fatos, são apenas idéias e conceitos muito particulares.

Neste instante, ele se sentou na beira da cama e me disse: Claro! Sou todo ouvido.

Bem, eu acho que neste enigmático contexto da evolução, o surgimento da primeira célula realmente é um dos mais intrigantes e há alguns anos atrás, senti necessidade de formar algumas idéias sobre estes assuntos, pois são questões que estão intrinsecamente ligadas ao nosso emocional, pois se refere as nossas origens.

Objetivamente, para mim ela é o resultado da combinação do ácido nucléico que é um elemento extraterrestre que se formou no espaço longínquo e foram trazidos até aqui através dos meteoros, com os elementos existentes na terra primitiva, como o nitrogênio, o oxigênio, resultando em combinações muito simples e que ocorriam sempre de forma casual dentro do ambiente e a cada novo contato, sempre registrava através de uma seqüência química o comportamento do seu conjunto, sempre em função das variantes que ocorriam, como possíveis descargas elétricas, as variações térmicas e muitos outros fatores e que foi lhe oferecendo todas as condições para que através dos seus registros, evoluísse buscando o seu melhor comportamento em relação ao ambiente, mas sempre mantendo o seu melhor resultado para a sua linha evolutiva, agindo como um verdadeiro software da vida, reunindo dados por bilhões de anos até que fosse possível a sua criação, resultado da reunião simples de incontáveis registros químicos.

Analisa comigo, se desde os princípios mais remotos da existência, a meta final da vida sempre foi a harmonia entre os elementos, seria algo como uma tendência contínua no sentido da unificação de todos os aparentes opostos que fazem parte de nossas vidas e que na verdade agem apenas como coadjuvantes, pois a nossa essência é única e imutável.

É curioso quando se analisa alguns aspectos da vida, que apesar de transparecer simplicidade em seus princípios, é muito complexa, pois tem muitas tendências conflitantes.

Nisto fui interrompido pelo amigo pesquisador, escutando dele que tinha entrado em assunto que considerava a sua especialidade, pois era um tanto filosófico e claro escutei atentamente a sua opinião ou visão sobre este tema em discussão.

Ele então continuou...

Concordo em parte com você, realmente acho que a vida tem muitos planos e tendências, acho também um engano até muito comum, quando levamos um desejo longe demais, a custa de todos os outros, pois a vida é como você disse, basicamente é um conjunto de tendências e que precisam ser organizados da forma mais coerente possível, visando facilitar esta nossa contínua busca pelo nosso equilíbrio emocional.

Afinal, todos nós sempre temos em nossa mente, uma multidão de desejos, quase sempre conflitantes e entrelaçados. Nela existem diferentes impulsos primitivos, racionais, egoísticos, altruísticos e todos precisam ser bem administrados, sempre buscando como meta final, a harmonia inteligente entre os elementos, que se expressam principalmente através de nossas emoções e também das de outros seres.

Este é o princípio operativo de qualquer conceito de harmonia.

Agora não se engane a vida é simples em seu âmago, precisamos apenas explorar a sua essência e entender os seus detalhes, as suas entrelinhas, mas para isto se torna necessário, se utilizar do intelecto, buscando os princípios mais simples, o que realmente não é muito fácil.

Concordo refutei, mas de qualquer forma, independentemente de tudo, de qualquer contexto que exista no universo, acho fantástico podermos participar deste processo da vida, ao menos por um instante, afinal todos nós somos e seremos sempre eternos em nossos desejos.

Para mim, a vida é apenas uma percepção e toda a diferença esta simplesmente na forma como escolhemos as lentes, pelas quais cada um de nós verá o mundo.

Dentro do contexto de evolução da vida, sabemos que o nosso universo está se expandindo rapidamente em movimentos rotacionais, translacionais e helicoidais em uma demonstração de equilíbrio fantástico, que se visualizado matematicamente pareceria um verdadeiro caos, mas com exatidão incrível no balanceamento das centenas de forças envolvidas em cada micro segundo de transição. Entretanto em um tempo longínquo. de acordo com alguns astrofísicos, esse comportamento inflacionário pode nos levar a dois destinos nada agradáveis.

O primeiro seria resultante de uma expansão contínua, onde toda a matéria e o calor se dispersariam através da eternidade.

O segundo destino seria uma possível contração, ou seja, após expandir por bilhões de anos a malha do universo seria contraído pela atração gravitacional até tudo se aproximar e entrar em colapso.

Em outras palavras, nosso fim pode ser o frio eterno ou o calor máximo de um esmagamento cósmico.

De uma forma ou de outra, será uma triste sina. Eis que dentro desta complexidade seria ousar imaginar uma terceira e surpreendente alternativa: o universo poderia gerar outro universo antes de seu fim trágico e, para isso, ele precisaria aprimorar e evoluir sua própria consciência.

Isto seria espetacular, e não impossível, pois em princípio este nosso gigantesco universo é favorável à vida e, portanto, em algum momento formas de vida se desenvolveriam em diferentes pontos de sua vastidão.

A partir daí, o processo evolutivo levaria ao estabelecimento de espécies e inteligências cada vez mais apuradas que poderiam chegar a um grau de consciência em que questionariam sua própria existência.

Gradativamente, esses organismos poderiam reunir conhecimentos, desenvolver ciências e elaborar tecnologias mais e mais sofisticadas até conseguirem transferir a inteligência para máquinas, como nós hoje fazemos com os computadores.

Utopicamente, a partir destas manifestações de formas de vida, sejam elas naturais ou artificiais, a inteligência do universo poderia criar condições para se espalhar, entrar em comunhão e se expandir até o ponto em que ele tomaria algum tipo de consciência sobre ele mesmo e sobre seu complexo mecanismo de funcionamento, permitindo a criação de um novo universo.

Esta idéia em uma análise superficial pareceria muito louca e altamente ousada, mas encontra defensores entre grandes nomes da ciência atual.

Fica claro que de outra forma, o futuro da vida não se encontra neste universo ou nesta dimensão, ou seja, o homem acabará chegando e se imiscuindo dentro de um fantástico e desconhecido universo quântico formado pelas sub-partículas de energia, que certamente nos apresentará muitas das leis que possibilitarão a continuidade da vida independentemente da matéria.

Acredito que estas respostas estarão muito além da partícula de Deus chamada pelos cientistas de Bóson, onde se encontrariam leis e princípios lógicos que nos deixaria mais longe da vida material e muito mais próximo da vida abstrata, deixando-nos mais independentes incrivelmente da ação definida pelo átomo neste nosso universo.

Agiríamos como os neutrinos já conhecidos pela ciência, mas claro de uma forma que possibilitasse a vida e a consciência.

O ÍNICIO
ENTENDENDO A EVOLUÇÃO
A SINGULARIDADE DOS ESCORPIÕES
O MAIS EXÓTICO DOS SERES
A BELEZA DOS CRISTAIS
PARÁBOLA DO TEMPO
A HISTÓRIA DO FOGO
CIVILIZAÇÕES ANTIGAS
LEONARDO DA VINCI E OUTROS
O APARECIMENTO DAS FLORES
CICLO DA MELHORIA GENÉTICA
A EXTINÇÃO DOS DINOSSAUROS
INTELIGÊNCIA ARTIFICIAL
EXTRATERRESTRES
A ÚLTIMA FRONTEIRA
NATUREZA HUMANA
UMA LUZ NO FIM DO TÚNEL
FIM

UNIVERSO

INTELIGENTE

O universo é um incessante sopro de maravilhas e a vida nos permite senti-las e admira-las, mas poder entendê-las sem mitos é o fundamento que sustenta e determina o encontro do homem com o mundo.

Hoje quase todos os meios científicos aceitam que o universo teria se originado entre quinze e vinte bilhões de anos atrás, resultante de uma gigantesca explosão, popularmente conhecida como a teoria do Big Bang, sendo considerada como uma das mais belas realizações intelectuais das últimas décadas.

Para o seu desenvolvimento contribuíram a ciência do macrocosmo, representada pela Cosmologia e a Astrofísica e a ciência do microcosmo, representada pela Física subatômica. ciência do microcosmo, representada pela Física subatômica.

Após o Big Bang, a matéria e energia ficaram distribuídas de um modo assombrosamente uniforme e todas as regiões do universo nasceram desta explosão, no mesmo momento e exatamente com a mesma força, apenas uma ínfima parcela de diversidade ocorreu em um paradoxo, possibilitando a formação das galáxias e dos sistemas.

Constituídos basicamente por átomos de hidrogênio, hélio, oxigênio e carbono, representando noventa e nove por cento de tudo.

A nossa Via Láctea, começou a se formar há cerca de dez bilhões de anos, quando os primeiros embriões de estrelas apareceram, formados pela condensação de hidrogênio, que em meio a constantes reações termonucleares, foi se transformando em outros elementos, primeiro o hélio, depois o carbono, que foram se combinando e provocando novas reações, possibilitando o nascimento das primeiras estrelas e também a liberação de uma fantástica quantidade de energia para o espaço sob a forma de luz e outras radiações eletromagnéticas, que se espalharam pela galáxia, formando dentre outros o nosso sol, que fica há milhões de quilômetros, mas mesmo assim, ainda recebemos uma ínfima parcela de sua energia, que não se perde no vazio do espaço e vem para nos trazer a vida.

Não me admira que o homem primitivo o tenha adorado sobre todas as coisas, em um ritual que envolvia respeito e medo diante de uma energia tão poderosa e desconhecida, que na sua crença, só poderia partir de um Deus.

Apenas recentemente, começamos a conhecer algo sobre a sua faceta de fogo e hoje sabemos, que a sua energia é fruto de colossais reações atômicas, nos demonstrando que nem ele ou qualquer outra estrela são eternos, mas tem o seu ciclo de vida determinado pela quantidade de combustível disponível para alimentar as suas contínuas reações nucleares.

Hoje buscamos num misto de fascinação e espírito prático conhecer melhor o espaço que nos cerca e que se torna cada vez mais importante para o progresso de nosso planeta.

Sua composição é um pouco diferenciada, sendo silício, oxigênio, alumínio e ferro, podendo ser considerado uma anomalia cósmica, mas uma anomalia repleta de vida em todos os seus cantos, onde sempre se manifesta algum tipo de micro atividade, que pode estar no mais tórrido dos efluentes ou no mais gélido dos picos, a vida existe por toda a parte, deslizando, rastejando, caminhando, escavando ou nadando.

Mesmo os micróbios estão longe de serem estúpidos, pois são capazes de aprender com a experiência.

Existem organismos que enxergam sob luz ultravioleta ou cegos que percebem o ambiente envolvendo-se em um campo elétrico, alguns seres vivem apenas uma hora, outros generosos mil anos, não importa, o fato é que todos vivem em plena harmonia com o ambiente, representando uma mesma vida.

Existem diferenças superficiais que, compreensivelmente nos parecem importantes, mas lá no fundo do coração da vida, somos todos nós, sequóias e nematóides, vírus e águias, barro e humanos, quase idênticos, usufruindo deste fantástico complexo natural tão integrado dentro de nós, só possível devido a ação do ácido nucléico, a molécula-mestra da vida e se formou muito provavelmente, a partir da combinação de compostos orgânicos trazidos por meteoros e materiais muito simples ricos em hidrogênio encontrados na Terra, tendo a crucial e assombrosa capacidade de fazer copias idênticas de si mesmos a partir de blocos de construção moleculares, determinante nas características comuns de todos os seres vivos, afinal toda a evolução da vida no planeta, se baseou nesta mesma molécula orgânica.

No enigmático contexto da evolução, o surgimento da primeira célula aparece como um dos mais intrigante dos enigmas, mas acredita-se que quando a molécula de ácido nucléico se formou, começou a se combinar com os elementos existentes no planeta, tais como, o nitrogênio, o oxigênio, o carbono, resultando em combinações muito simples e que ocorriam sempre de forma casual dentro do ambiente, mas a cada novo contato, ela sempre registrava através de uma seqüência química o comportamento do seu conjunto, em função das variantes que ocorriam, como possíveis descargas elétricas, as constantes variações térmicas, a contínua exposição às várias situações químicas e muitos outros fatores, dando-lhe condições para que através dos seus registros, evoluísse buscando o seu melhor comportamento em relação às características do ambiente, evitando possíveis regressões genéticas no processo, mas para isto, ela sempre mantinha o seu melhor resultado para a sua linha evolutiva, guardava as outras informações para serem usadas posteriormente e ficava aguardando novas combinações, que certamente ocorreriam, possibilitando um aumento gradativo na complexidade de sua estrutura, podendo ser considerado, como um verdadeiro software da vida, onde a lentidão em um paradoxo contribuiu para uma maior confiabilidade e eficiência dos seus registros, pois foram bilhões de anos acumulando informações, até que se pudesse criar a primeira unidade estrutural básica de todos os seres vivos, representado pela célula, resultado de incontáveis registros químicos reunidos pelo seu conjunto genético.

Na célula existem dois tipos de ácidos nucléicos, sendo o DNA que guarda as informações genéticas e o RNA, responsável pelo bom funcionamento dos componentes da célula. A molécula de DNA é formada por um conjunto de genes, que detém dentro de si, o código químico que orienta as células na tarefa de fabricação das proteínas, substâncias que definem as características individuais de todos os seres vivos, situa-se nos cromossomos e cada espécie animal ou vegetal, tem um número fixo de cromossomos.

. Sua forma é tão extraordinária como inconfundível, pois se parece com uma escada em caracol, o que lhe permite executar uma singular manobra no processo de reprodução, quando a célula se divide, a escada se separa em duas e cada lado da escada atrai para si, os elementos que lhe faltam e estão esparsos na célula, de tal forma, que logo se formam duas escadas de DNA, réplicas perfeitas da primeira, criando-se desta forma, as condições necessárias para os primeiros elos da evolução, através do agrupamento celular, que se tornou ao longo do tempo, cada vez mais intenso, somando se as experiências de cada célula e melhorando a qualidade genética das informações de seus respectivos genes.

O mais antigo microorganismo que a ciência tem conhecimento é datado de aproximadamente três bilhões de anos, isto porque é muito difícil se localizar os seus vestígios, que normalmente estão em rochas ou sedimentos.

Nos primórdios da evolução, o tempo de duração de uma forma de vida, podia variar de segundos a milhões de anos, dependendo da sua adaptação com o meio, mas nestas várias etapas da evolução, a primeira condição real para o desenvolvimento de vida um pouco mais complexa, aconteceu na água, devido as excelentes condições oferecidas para o movimento e reprodução, mas no que se refere as características deste novo ser, ele não tinha uma forma bem definida, pois isto certamente ocorreria com o tempo, de acordo com as suas necessidades de adaptação ao meio, sem sentidos que também seriam desenvolvidos posteriormente, obviamente sem movimentos por ações próprias, mas com relativa capacidade para associação e evolução, pois de outra forma, não estaríamos aqui hoje.

Devido as constantes tentativas de integração entre sistemas, foi se criando em vários ambientes, seres com alguma autonomia e pequenas diferenças causadas muitas vezes pelas várias pelas características que o ambiente oferecia e que interferia diretamente na qualidade genética final alcançada.

Com o passar do tempo, o desenvolvimento do primeiro tipo de sentido aconteceu e era um tipo de percepção causada pelas variações térmicas, produzindo pequenas mudanças estruturais, fazendo-o aproximar ou afastar de determinados pontos em função do calor propagado, que poderia ser originário da luz do sol ou de uma fonte de calor qualquer.

Neste período foram ocorrendo várias mutações genéticas que resultaram em uma série de novas habilidades sensoriais e de movimentos, causando conseqüentemente uma maior perspectiva de vida destes seres e também um aumento nas suas diferenças, que começaram a ficar muito mais acentuadas, devido aos vários ambientes oferecidos pela água, juntamente com a variedade genética disponível para possíveis combinações em cada região, que ocorriam através de contatos muitas vezes causados pelo simples movimento da água, possibilitando o aparecimento de diversas espécies, sendo que algumas começaram a se sobressair em suas formas, facilitando a sua proliferação no ambiente e como resultado da seleção natural das espécies, apenas poucas formas de cada espécie prevaleciam em cada região, normalmente duas.

As esponjas tubulares, os braquiópodes e os trilópides aparecem como as espécies precursoras de toda a vida animal no planeta.

O interessante em todas estas etapas e que impressiona muito, é a sua dinâmica como um todo, sempre buscando um melhor resultado e impossibilitando qualquer retrocesso na integração da vida com o ambiente, marcada principalmente por dois elos principais e pouco dependentes, sendo um na terra e outro no mar.

A evolução no mar pode ser considerada como fantástica, pois todas as nossas características básicas de coordenação, sentidos, memória e movimentação foram desenvolvidas no mar.

Dentre as espécies predadoras mais primitivas, aparecem os Nautílus, que tinha como presa favorita os Trilópides.

Em um passado remotíssimo do planeta, houve um período em que a evolução do mar estava muito a frente da que ocorria na terra, que adotou uma linha evolutiva diferente principalmente devido a grande dificuldade de deslocamento dentro deste ambiente.

Contudo é característica da evolução da vida desde os seus primórdios, se adaptar as peculiaridades das circunstâncias, e nesta linha, inicialmente as plantas oriundas do mar, cresciam sempre interligadas, até que determinadas situações no ambiente causava o rompimento destas interligações, estimulando a natureza a desenvolver formas simples para uma evolução independente, permitindo o distanciamento gradativo destes sistemas vegetais, que foram adquirindo características diferentes, devido a exposição aos diversos ambientes, possibilitando a formação de exuberantes muralhas vegetais coroadas pelas copas das primeiras manifestações arbóreas, só possíveis, em razão da vascularização gradativa ocorrida nas plantas, permitindo o envio da água através de toda a sua estrutura.

Este sistema se baseia na tensão superficial da água, propriedade que suas moléculas possuem de ficarem fortemente unidas entre si. Isto acontece porque os átomos de hidrogênio se ligam aos átomos de oxigênio de qualquer molécula, independentemente do material, num processo conhecido pela ciência como ação capilar, ou seja, uma molécula de água do solo se adere as raízes carregadas de oxigênio, onde ela encontra outra molécula, se interligando de forma sucessiva, formando se uma longa corrente até o topo da arvore.

Vale salientar, que o início desta mutação dos seres marinhos, buscando a vida fora do mar, começou devido a pequenas incursões que algumas espécies faziam na atmosfera e que foi pouco a pouco estimulando a natureza para que buscasse uma integração com este novo ambiente, que aconteceu em vários pontos do planeta, com várias espécies, as vezes com características físicas bem diferenciadas e quando fora da água encontravam vários ecossistemas diferentes, exigindo muitas vezes o desenvolvimento de novas habilidades para a garantia de sua sobrevivência, causando-lhes várias transformações físicas e possibilitando a criação das várias espécies de animais que conhecemos hoje e que são de alguma forma descendentes daquelas primeiras espécies que se arrastaram para a terra, há cerca de trezentos e setenta milhões de anos, já encontrando um conjunto de vida formado por plantas e insetos.

Um fato interessante nos primeiros nichos ecológicos, se refere a interação entre os insetos e as plantas, que se tornou tão sistemática e interligada, muitas vezes se confundindo em um único sistema, numa verdadeira simbiose e talvez por isto, a evolução dos insetos tenha sido muito menos otimizada, o que é facilmente percebido nos dias de hoje, se considerarmos que eles sempre seguem um padrão de comportamento, de forma genérica totalmente preestabelecido, bem exemplificados pelo seus espécimes mais evoluídos, como as formigas, abelhas e cupins, que são basicamente células errantes comandadas à distância por um tipo de hormônio social, desenvolvido há milhões de anos, resultado de inúmeras vitórias e fracassos de insetos primitivos, machos e fêmeas, quando se dispuseram a viver em conjunto.

A subsistência sempre foi a prioridade de todos os seres vivos e obviamente quando os primeiros seres chegaram na Terra, os seus respectivos instintos os direcionaram para integração com o ambiente, buscando manter a sua sobrevivência, causando um fenômeno que até então tinha ocorrido com muito pouca intensidade, representado pela interação dos sistemas desenvolvidos na terra e no mar, mas agora com uma otimização muito mais ampla, nos demonstrando bem a complexidade das ações da natureza, que desde os seus primórdios tem como característica básica, a transformação, visando sempre potencializar os seus sistemas junto ao meio, através de tentativas casuais e testes contínuos, buscando através de uma dinâmica tendenciosa, o favorecimento da vida como um todo, criando e transformando de acordo com suas necessidades mais iminentes, desenvolvendo sistemáticas extraordinárias, imprescindíveis e que fazem parte integral de nossas vidas, tais como, o sistema imunológico, que protege o organismo de possíveis antígenos, a pele considerada o órgão mais versátil e o coração, que é uma espécie de bomba hidráulica, capaz de manter a circulação constante e que surgiu há cerca de quinhentos e setenta milhões de anos nos anelídeos ou minhocas e se desenvolveu em conseqüência da sofisticação da vida no planeta, tornando-se necessário um sistema que levasse substâncias nutrientes para toda a estrutura orgânica.

Ele é considerado a sede dos sentimentos e assim conquistou um lugar de honra na linguagem e na literatura produzida há milhares de anos, isto porque muda o seu ritmo diante do que se ama ou que se odeia, definindo verdadeiramente o ritmo da vida, que se mostrou já nos seus primórdios muito frágil em seu conjunto, forçando a natureza a desenvolver sistemas defensivos, principalmente devido a algumas bactérias que ao longo da evolução aprenderam através da experiência a se camuflar e começaram a passar despercebidas pelas defesas do organismo, que já não apresentava a mesma sintonia nas suas atividades, estimulando o conjunto genético a desenvolver os linfócitos B, que tem a função de identificar estes antígenos através das proteínas, para que não contaminem outras células do organismo.

Essas proteínas são os tão falados anticorpos, que tem como função principal marcar esses invasores e chamar a atenção das defesas para destruí-lo, porém se todas as células da pele humana são idênticas, o mesmo não acontece com os linfócitos B, o que faz sentido, afinal precisam especializar-se na produção de anticorpos de tamanhos e formatos diversos, para se encaixar como peças de quebra cabeça numa infinidade de inimigos, que dentre as centenas de bilhões de linfócitos B do organismo, existem cerca de um milhão de tipos diferentes de anticorpos.

No curso de uma infecção, algumas células B adquirem o que os cientistas chamam de memória, a propriedade que lhes permite acompanhar detalhadamente as características do invasor, de modo que em uma segunda vez, haveria células B especializadas para este tipo de ataque e capazes de agir mais rapidamente do que no ataque anterior, porem quando o linfócito B se encontra face a face com o seu antígeno, não se põe a disparar anticorpos imediatamente, ele espera primeiro a ordem de atacar dada por uma substância chamada interleucina, que é enviada pela célula T, quando percebe a presença do antígeno, ordenando o ataque, e controlando desta forma, toda a ação do nosso sistema imunológico.

É a natureza criando as suas evasivas, através de uma interferência seletiva, sempre muito rigorosa e objetiva na sua busca pelos melhores resultados, bem exemplificado por esta fantástica célula de proteção chamada linfócito B, desenvolvida há quatrocentos milhões de anos.

Dentro desta linha de proteção, ela criou também a pele, que age como uma carapaça blindada, deixando de fora os raios solares e todo provável inimigo, usando principalmente de sua versatilidade para manter a temperatura ideal do corpo, guardando o calor nos dias frios e o frio nos dias quentes, reservando água para ser usada sempre que necessário, controlando a pressão sangüínea, produzindo vitaminas, eliminando substâncias tóxicas, captando uma diversidade de informações do ambiente e transmitindo outras, dá ainda ao corpo o seu contorno e relevo, entretanto, poucos sabem na verdade, o que é estar na própria pele, que embora seja uma engrenagem literalmente finíssima, tendo uma espessura de no máximo dois milímetros, abriga uma série de estruturas, como nervos, glândulas e músculos, sendo que cada qual, com funções bastante específica e que apresentam características um tanto diversas em seus vários pontos, podendo formar o fino para brisas das pálpebras, evitar o desgaste dos pés, criando a proteção das calosidades ou sobre as juntas, como joelhos e cotovelos, ficar pregueada para permitir flexibilidade ou ainda nos dedos para agarrar melhor, possuir sulcos, enfim ela se adapta a parte do corpo que reveste.

Ela tem um ciclo de vida muito curto, cerca de vinte e um dias, tendo um fato curioso na sua evolução, as unhas nada mais são do que células epiteliais modificadas (pele), cuja queratina atinge o máximo de rigidez, contudo há alguns milhares de anos sem nenhuma função especial, elas são apenas resquícios dos duros tempos primitivos em que se precisava lutar com unhas e dentes pela sobrevivência.

"A fascinante história da evolução é longa e cheia de curiosidades, a forma de enxergá-las, depende somente dos olhos de cada observador."

Os escorpiões estão entre os animais mais antigos, pelo menos 500 milhões de anos, representado por um tipo de escorpião aquático, que viveu na era paleozóica.

Eles já passaram por sucessivas catástrofes planetárias, períodos glaciais, vulcanismos intensos, inundações de continentes inteiros, mas passaram por tudo airosamente e estão aí, belos e fagueiros, dando o nome a uma constelação da Via Láctea e até reverenciados em alguns ramos do misticismo, por exemplo, a astrologia.

Não é a toa que muitos cientistas chegam a acreditar que na hipótese de uma catástrofe nuclear, suficientemente devastadora para inviabilizar as formas de vida mais sofisticadas, os escorpiões seriam um dos seres sobreviventes e continuariam a vagar pela terra calcinada num estranho paradoxo, encarados como o símbolo da morte, seriam os únicos representantes da vida no planeta.

Quase tudo neles é diferente, o modo de atacar as vítimas, de comer, de reproduzir-se, ele é fantasticamente singular em suas características, sendo a espantosa virulência de sua picada, apenas uma das muitas particularidades adquiridas por este animal.

Os machos não possuem pênis, assim o encontro sexual do macho e da fêmea ocorre de forma pouco convencional, que começa com uma manobra que entrelaça suas garras nas da fêmea, arrastando-a para o que se pode considerar um longo passeio, pois o trajeto é cheio de vai e vem e se estende por algumas dezenas de metro, quando de repente pela parte inferior do abdômen do macho saem dois minúsculos bastonetes que se grudam no terreno, em posição vertical, em seguida, ele puxa a companheira, fazendo-a deslizar de barriga sobre eles e neste momento acontece a fecundação, pois o ápice de cada bastonete é um pequeno reservatório de sêmen, que entra em contato com a abertura genital da fêmea.

Pouco se sabe sobre a anatomia interna dos seus pré-históricos, os restos fossilizados daqueles animais, mostram apenas contornos gigantescos de corpos que mediam quase 1 metro de comprimento, tendo o mais antigo de todos sido encontrado na ilha de Gotland, território sueco, bem no meio do mar Báltico, mas dele só foram recuperados poucos fragmentos.

O maior escorpião que existe hoje é o Pandinus imperator, que vive na África Equatorial, mede cerca de 20 cm e brilha à noite como uma lembrança inquietante de seus antepassados gigantes.

Ele é muito exótico, os gregos lhe deram o nome de hipocampo e tudo nele é curioso, é a fêmea que toma a iniciativa do namoro, mas é ele que dá a luz aos filhotes, não tem boca mas come muito, seus olhos se deslocam independentemente nas órbitas, sua pele muda de cor conforme as circunstâncias, sua cauda é preênsil e incuba seus filhotes dentro de uma bolsa ventral.

A sua forma é de um estômago alongado revestido por esqueletos externos, sustentando internamente os músculos e os demais componentes do organismo.

É um peixe, mas o único traço que o denuncia, é a presença de minúsculas e quase transparentes nadadeiras dorsais.

Ele parece viver enfiado dentro de um verdadeiro exoesqueleto de artrópode e por ter o esqueleto assim, a flor da pele, dá a impressão de estar sempre passando fome.

Sua boca na verdade fica no focinho, um ponto inicial de um longo e estreito canal, onde o alimento é aspirado em direção ao estômago.

Estes curiosos habitantes dos mares tropicais estão distribuídos pelo mundo em aproximadamente cinqüenta espécies e devido a sua facilidade de alteração de cores, se dissimula com perfeição entre os diversos tipos de algas marinhas que constituem o seu ambiente predileto, mas com freqüência são encontrados junto á costa, em águas pouco profundas em recifes de corais.

A vida sexual dele é o ponto mais alto de todas as suas esquisitices, a fêmea começa a cortejar o macho, com um discreto roçar de cintura e logo se atira às carícias mais ousadas, enlaçando-o com a cauda, quando deposita um tipo de massa gelatinosa(óvulos) na sua bolsa, causando no discutível garanhão, o crescimento de uma respeitável barriguinha, que após cinqüenta dias, o fará dar a luz, há cerca de trezentos minúsculos "potrinhos", que ficarão dentro da sua bolsa por algumas semanas, até que a abandonam.

Para os antigos gregos, este animal representava um veneno fulminante, desde que embebido com vinho, mas um poderoso antídoto, quando engolido com mel e vinagre, mas tudo isto é superstição.

Dentro deste contexto, este insólito animal, não poderia ser enquadrado nos compêndios da zoologia com um peixe qualquer, assim o cavalo marinho, tornou-se cientificamente um respeitável Gasteosteiforme.

Poucas coisas são tão perfeitas no mundo, como eles, as obras-primas que a natureza levou centenas de milhares de anos para produzir.

As variedades de suas formas, cores e combinações de tão amplas, parecem infinitas, tornando-os um dos mais raros e belos espetáculos da natureza, principalmente quando eles se misturam com a água límpida e os raios do sol, causando-lhes um efeito singular de esplendor, que enchem os nossos olhos ou especialmente quando se encontram agrupados, como uma turmalina bicolor ou pequenos topázios cristalizados sobre o quartzo, realmente encantam pela pura beleza que expressam, são componentes naturais da crosta terrestre e apresentam uma estrutura química bem definida.

Essa estrutura representa a forma como se arranjam os átomos dos diversos elementos que formam um mineral e por isto, ela tem influência decisiva na determinação das propriedades físicas e químicas de cada um deles.

Bons exemplos são os grafites e os diamantes, ambos construídos de carbono puro, entretanto possuem estruturas cristalinas diferentes.

O grafite é comumente encontrado nas rochas que se formam na parte superior da crosta, mas o diamante é muito mais raro, forma-se nas profundezas da crosta, em rochas vulcânicas muito especiais, onde a pressão e a temperatura são muito altas e por isto seus átomos de carbono constituem uma estrutura muito mais compacta em forma de pirâmide de quatro faces, diferentes da água marinha e da esmeralda que formam prismas hexagonais, já o topázio se cristaliza sob a forma de prisma com base losangular.

Dentro do esoterismo, uma corrente de cristal ou anel de ametista, podem significar mais que meros enfeites. Os iniciados dizem que um quartzo dentro de um aquário torna os peixes mais limpos e brilhantes ou perto de um vaso, faria as plantas crescer mais rapidamente.

Alguns partidários da cristaloterapia acreditam que tudo se explica pela transmissão de energia contida nos cristais.

Para quem aprecia a sua boa qualidade de cristalização e a perfeição de suas formas, estão muito bem representadas no museu de história natural de Paris, em uma das mais fantásticas e importantes coleções de cristais do mundo.

"Apesar dos cristais serem matéria inanimada, eles têm também uma história de evolução como a vida."

Há cerca de seiscentos e cinqüenta milhões de anos, existiu a era arcaica, formada pelo período arqueozóico, tendo a vida no mar começado neste período.

Hoje, as espécies mais antigas estão representadas pelas medusas e os vermes do tipo da minhoca, descobertos no sul da Austrália.

Cem milhões de anos depois tivemos a era paleozóica, marcada principalmente pela fantástica proliferação das espécies marinhas, que embora todos estejam extintos, a fauna marinha conta hoje com alguns descendentes próximo em sua forma dos seres daquela época.

A era mesozóica se iniciou há cerca de duzentos milhões de anos, quando ocorreu o aparecimento dos primeiros pássaros que misturavam as suas plumagens com traços de répteis, podendo ser considerado como uma grande evolução, pois além de ser um magnífico isolante térmico, obviamente constituíam também um elemento aerodinâmico fundamental para eles.

A era atual chama-se cenozóica, quando apareceram os primeiros animais de sangue quente, apresentando reações bioquímicas muito mais rápidas, facilitando a sua resposta aos estímulos externos.

Há dez milhões de anos, nossos ancestrais eram apenas espécies de macacos que habitavam as florestas tropicais que cobriam a África, entretanto no decorrer do processo de evolução, o próprio planeta começou a ficar mais frio e seco, as matas africanas foram diminuindo e as estepes se expandiram, entretanto, ao invés de entrar em extinção ou continuar agarrados ao que restava das florestas, foram procurar alimentos nas savanas e segundo alguns antropólogos, essa busca se tornou mais eficaz a partir do momento em que ficaram de pé e passaram a caminhar sobre duas pernas, sendo que dessas criaturas bípedes evoluiu o hominídeo, nosso ancestral mais antigo.

Depois disto, ao longo de um milhão de anos, o clima africano foi passando de frio e seco para quente e úmido, até que, cerca de três milhões atrás, ocorreu uma mudança radical, uma grande frente fria e seca deu início a mais recente série de eras glaciais do planeta, forçando nossos antepassados a caminharem pelo globo, vencendo os caprichos climáticos do planeta, evoluindo sua estrutura física, possibilitando o aparecimento dos primatas superiores, antepassado dos antropóides e do homo sapiens, marcados principalmente pelo aumento da sua capacidade craniana.

Quando o homo erectus entrou pela primeira vez em uma caverna com uma tocha nas mãos, deve ter sido uma verdadeira glória, pois certamente a chama iluminou e aqueceu o seu ambiente, afugentou os animais ferozes, deu origem ao churrasco.

Entretanto, meio milhão de anos depois, apesar do fogo já ter movimentado reatores e ter ajudado como nenhum outro acontecimento, a construção da civilização, o homem ainda não o conhece como deveria e só aprendeu uma forma de produzi-lo há apenas nove mil anos, portanto já no período Neolítico.

Provavelmente, o primeiro fazedor de fogo, deve ter observado uma faísca produzida pelo atrito entre duas pedras e para reproduzir o fenômeno, deve ter experimentado com diferentes tipos de pedras, até se decidir pelas melhores, como o sílex e as piritas, encontradas em escavações arqueológicas.

Os nativos das ilhas Andoman perto da Índia e algumas tribos de pigmeus do Congo na África, por exemplo, jamais conseguiram acender uma fogueira sem partir de uma brasa anterior, contudo acabaram aprendendo com outros povos.

Hoje em dia, os cientistas ainda tratam de aprender os segredos mais íntimos do fogo, afinal ele é um fenômeno que além das reações químicas previstas, acontecem também processos físicos como o transporte de massa e energia, a difusão do calor e a emissão de radiação.

A cor da chama é uma combinação da temperatura com o elemento queimado e proporciona uma maneira de se sondar o que esta acontecendo na aparente confusão das labaredas.

Durante a sua queima, ela adquire uma cor característica de acordo com a substância queimada, por exemplo, o cobre causa uma chama esverdeada, o sódio emite uma chama amarela. Isto acontece porque o calor excita os átomos da substância que esta queimando, causando a emissão de luz.

Hoje a ciência se utiliza destes espectros de radiação luminosa, para definir até mesmo a composição das estrelas. "Com a descoberta do fogo pelos primitivos e o início da linguagem, que ocorreu há cerca de cinqüenta mil anos, definiu-se os primeiros passos rumo a civilização."

O primeiro grande império conhecido no mundo foi criado há cerca de quatro mil e trezentos anos pelo temido rei Sargão, de Akkad, que agrupou sob seu comando prósperas cidades-estado independentes e vilarejos da Mesopotâmia, o chamado berço da civilização, localizado na época em um vale fértil, entre os rios Tigre e Eufrates, que ocupava partes do que hoje são o Iraque, a Síria e o sul da Turquia.

Os antigos egípcios eram obcecados pela vida após a morte e seus governantes buscavam a imortalidade erguendo enormes edificações de pedra, firmando desta forma, os alicerces da primeira grande nação-estado do mundo. Quando os súditos do faraó Djoser contemplaram pela primeira vez sua gigantesca pirâmide-escada, devem ter tremido de espanto.

O monumento colossal, no poeirento planalto de Saqqara, a quinze quilômetros ao sul da esfinge e das pirâmides de Gizeh, que foi projetado para inspirar temor e impressionar os egípcios com a força de seu governante quase divino.

Sendo na época o maior e mais belo monumento já erguido por um monarca, a maior construção do mundo.

Assim como a pirâmide, o antigo Egito parece ter crescido a partir do nada, pois poucas gerações antes do reino de Djoser, a civilização ao longo do rio Nilo não passava de um grupo de nomos, pequenas províncias com governo e deuses próprios.

Os estudiosos só têm vaga idéia das forças que fizeram com que esses nomos, sempre em guerra, se tornassem, juntamente com os sumérios na Mesopotâmia, a mais adiantada civilização da época, o antigo império egípcio.

O período do Renascimento certamente foi um dos mais profícuos de toda a história da civilização, sendo antes de tudo um poderoso movimento artístico-literário com grandes repercussões na filosofia, nas ciências, no pensamento político, na moda e nos costumes.

A multiplicação das universidades e a descoberta da imprensa por Gutenberg, que substituiu enfim a laboriosa atividade do copista medieval, que reproduzia a mão, os preciosos manuscritos da época, possibilitou uma difusão ampla do conhecimento, abrindo-se caminho para a modernidade. Durante os séculos XV e XVI, os principais centros do Renascimento foram as cidades de Florença, Veneza e Roma, além dos ducados de Mántua, Urbino e Ferrara.

O ideal do homem renascentista era marcado pela crença em uma capacidade ilimitada da criação humana.

Essa idéia foi personificada principalmente por Leonardo da Vinci.

Com suas pinturas e projetos de engenharia, que o fizeram famoso e cortejado pelos poderosos da época, mas só muito tempo depois, o mundo viria a conhecer o lado secreto deste gênio superlativo, pintor, escultor, músico, arquiteto, militar, engenheiro civil e um extraordinário inventor, podendo ser considerado a versão suprema do homem dos sete instrumentos que realizou o casamento da arte com a ciência.

Nascido na cidadezinha de Vinci, próximo a Florença, seria considerado em pouco tempo, o maior pintor de sua época, protegido e adulado em algumas das principais cortes européias.

Foi um cientista de talento extraordinário, capaz de juntar numa só fórmula, a queda de uma maçã e o movimento dos planetas, nasceu prematuro e fraco, mas viveu até aos oitenta e quatro anos, deixando nos como sua maior contribuição a Teoria da Gravitação Universal.

Que através de sua teoria da relatividade, fez uma revolução no pensamento humano e hoje é considerado sinônimo da ciência, contudo até aos três anos, não falava uma única palavra, aos nove tinha ainda tanta dificuldade de se expressar, que seus pais temeram que pudesse ser retardado mental e na escola um professor profetizou que ele não seria nada na vida, mas aos vinte e seis anos, porém, publicaria a sua teoria especial da relatividade, uma das mais extraordinárias revoluções na história das idéias, só alcançando uma dimensão comparável ao grego Aristóteles e o físico inglês Isaac Newton.

Considerando-se que a sua teoria seria o marco fundador da física contemporânea, com profundas repercussões em outros ramos da ciência, depois dela, idéias como espaço, tempo, massa e energia não seriam mais as mesmas.

"Muitas vezes a natureza se supera e nos brinda com essas verdadeiras jóias, sinônimos da mais absoluta expressão da inteligência humana, mas nunca se esquecendo da sensibilidade, a luz da matéria.

"As plantas verdes começaram a produzir o oxigênio molecular da atmosfera no período carbonífero, mas o código para o aparecimento das flores, só aconteceu realmente no cretáceo, há cerca de cem milhões de anos.

Suas folhas fósseis mais antigas datam de vinte e cinco milhões de anos e foram encontrados em vários pontos da Europa e do Oriente médio.

Ela sempre teve uma história de muito simbolismo para a humanidade e nos mostra que os romanos eram apaixonados pelas rosas, os gregos pela violeta e através deles, as flores se tornaram símbolos por meio dos quais, as pessoas exprimem os seus sentimentos, sendo que cada uma tem um significado especial, as tulipas traduzem amizade e simpatia, os lírios simbolizam o desejo de sorte e a rosa considerada a flor clássica do amor, expressa sofrimento e paixão.

Na idade média ofertar um ramalhete de violetas a alguém era símbolo de um amor secreto e desta forma os mais tímidos se valiam delas para exprimir a sua paixão, enquanto os cavaleiros que andavam pelo mundo, desfazendo os malfeitos e defendendo a justiça, usavam as rosas em seus barretes de veludo, sempre que estivessem esperando pelos favores de uma donzela indiferente ao seu amor.

Nesta época o poder curativo das flores atingiu o seu apogeu, quando se acreditava que as rosas eram um remédio que curava tudo.

Houve até quem achasse que elas evitavam epidemias, como aconteceu com um rei francês, que no comando de uma cruzada á Terra Santa, chegou a Tunis, no norte da África e espargiu rosas sobre as pessoas, pensando que desta forma estaria ajudando a combater a peste que assolava o mundo medieval.

As rosas modernas pouco lembram suas ancestrais nascidas nos campos Persas, há milhões de anos e dali perpetuadas para o resto do mundo, pois se as singelas espécies cultivadas, e adoradas por nossos antepassados apresentavam cor pálida, fragrância imperceptível e apenas cinco pétalas, a geração atual floresce com até cem pétalas, exibe matizes os mais variados e perfuma o ar com seu aroma marcante, além de expressar um exuberância que até Flora, deusa grega das flores, se orgulharia, mas que é fruto exclusivo das mãos do homem, que num momento de rara inspiração, interferiu na natureza, não para destruir, mas para aperfeiçoar a rosa, intensificando a sua beleza por meio de um processo genético, que talvez demorasse séculos para se desenvolver naturalmente.

É característica da evolução, procurar sempre aproveitar as experiências genéticas de outros organismos, através de quaisquer forma de interação possível que possa acontecer dentro do ambiente, buscando sempre algum modo de no futuro, testar estas novas possibilidades genéticas, este é o ciclo da melhoria genética e ocorre com todos os seres do planeta, animais ou vegetais.

Claro que para se perceber alguma mutação mais aparente, pode se levar centenas de anos e por isto não as percebemos claramente, pois o nosso ciclo de vida aqui é muito breve, o que são oitenta anos dentro de um processo tão longo como o da evolução.

Segundo a ciência, a duração natural da vida, deveria oscilar entre noventa e cinco e cento e trinta anos, pois é o tempo que as células do organismo levam para envelhecer.

Ser jovem no conceito da genética, é ter as células funcionando em harmonia como uma orquestra, contudo ela começa a desafinar no decorrer da vida, em razão das perdas de átomos que compõem a molécula de acido nucléico causando o envelhecimento.

Hoje com a manipulação genética, as possibilidades na busca pela longevidade são muitas, afinal é o nosso conjunto genético ou genoma que controla tudo.

O nosso especificamente, é formado por vinte e três pares de cromossomos, que simbolicamente podemos considerar como uma enciclopédia.

Cada cromossomo seria um livro contendo milhares de páginas, onde estão todas as nossas informações genéticas. O gene seria o capítulo deste livro, com a função de sintetizar as proteínas, que definem as características dos seres.

A palavra seria o tripleto e especificaria o tipo de aminoácido a ser utilizado e o nucleotídeo seria a letra.

No genoma existem apenas quatro letras ou substância básicas que são chamadas de adenina, citosina, guanina e timina e que escreveram toda a história evolutiva dos seres, sendo que a timina só forma par com a adenina e a citosina só forma par com a guanina.

Uma seqüência de três bases forma uma palavra, mas apesar de existirem sessenta e quatro palavras que são resultantes da combinação de quatro letras em grupos de três, apenas vinte são usadas, sendo que cada uma corresponde a um tipo de aminoácido, as quarenta e quatro restantes não tem função clara, podem ser usadas apenas para indicar que os genes já forneceu a seqüência completa de uma proteína.

Hoje com o mapeamento do genoma humano, a ciência busca uma melhor percepção de como cada molécula trafega dentro da célula, a forma como os genes se ligam e desligam e quais genes estão relacionados com o que.

É uma tarefa, sem dúvida bastante pretensiosa, mas esta prosseguindo com uma rapidez espantosa.

A glicínia é a mais simples matéria prima das proteínas e surgiu segundo simulações em laboratório, no oceano, a partir da combinação do cianeto de hidrogênio, amônia e fragmentos de moléculas de metano, causados pela luz ultravioleta do antigo sol.

Uma observação importante é que além do ciclo de vida, existe também o ciclo genético das espécies, cujo tempo de duração é diretamente proporcional a sua capacidade de trazer novas variantes genéticas para os seus respectivos genomas, ou seja, se a qualidade de percepção genética for diminuída por um período muito longo, que pode variar de centenas a milhares de anos, causará um bloqueio gradativo na sua capacidade de reprodução, fazendo a natureza abandonar esta linha evolutiva, é o que seria uma resposta, com relação a finalidade dos seres e de seus respectivos genomas, que sem boa qualidade de interação genética, seria um ciclo de vida obsoleto, e foi o que aconteceu com os dinossauros.

Eles dominaram a Terra por milhões de anos, eram gigantes vegetarianos ou podiam ser pequenos carnívoros, tinham sangue frio como os répteis ou sangue quente como os mamíferos, violentos ou um tanto desajeitados, viviam em meio a lagos, rios e florestas, sob um clima ameno e com paisagens formadas por pradarias, montanhas, desertos, pântanos, rios, plantas como os pinheiros e samambaias.

A água dos oceanos era temperada, sendo habitada por tubarões e outros peixes. Senhores absolutos do planeta por milhões de anos, não houve até hoje espécie que fascinasse tanto e provocasse tanta curiosidade.

O que se sabe sobre eles é muito pouco, nem é possível se afirmar com segurança de que se alimentavam ou como se tornaram a espécie dominante na Terra, afinal reinaram por toda a era Mesozóica.

Surgiram no período triássico, há cerca de duzentos milhões de anos.

Atravessaram todo o jurássico e o cretáceo, quando se extinguiram, há cerca de sessenta e cinco milhões de anos. As primeiras descobertas de seus dentes e ossos, só ocorreu no final do século XIX e foram encontrados casualmente no sul da Inglaterra.

Hoje se sabe que eles tinham alguma sensibilidade, pois nas manadas, os adultos sempre protegiam os mais jovens.

"Esta inquietude da natureza, na sua constante busca pelo novo, também foi transmitido para o homem e motiva a sua curiosidade de um modo geral.

Hoje o homem procura sempre relacionar os aspectos técnicos da vida, com sua realidades sociais, um bom exemplo, é a sua busca pela inteligência artificial.

"Criar um computador capaz de inventar histórias, aprender com os próprios erros e ter emoções como o ser humano, isto pode ser chamado de inteligência artificial.

As máquinas de última geração, já tem olhos, ouvido, tato e estão conseguindo conversar e tomar algumas decisões, demonstrando bem a verdadeira revolução que esta acontecendo no mundo dos computadores, em um nível tão fundamental quanto os do neurônios, as células do sistema nervoso central e que alguns cientistas chamam de tecnologia dos neurocomputadores.

Estas máquinas tentam imitar os nossos neurônios e já estão muito evoluídas no campo do processamento e reconhecimento dos sinais, contudo estão muito longe de reproduzir as funções mais complexas do nosso cérebro, devido as suas unidades serem homogêneas, enquanto o cérebro tem centenas de diferentes tipos de neurônios e uma série de diferentes áreas de atuação, uma trata da visão outra da linguagem, etc..

Para um computador é muito difícil interpretar com precisão aquilo que vê, por exemplo, a complexidade do olho humano é formada por mais de cem milhões de células receptoras que processam a informação dos estímulos de luz para o cérebro, até este ponto tudo bem, os computadores traduzem para números, no caso, cada ponto de luz da imagem que enxergam, mas o mistério é a maneira pela qual o cérebro humano interpreta as informações do olho, neste aspecto a tecnologia ainda esta muito longe de um resultado satisfatório.

A infinidade de mensagens eletroquímicas que nossos bilhões de neurônios trocam nos permite ter sensações, movimentos, coordenação motora, memória, criatividade, capacidade de julgamento e abstração.

É possível que no futuro existam máquinas capazes de se auto programar, chegando a uma inteligência quase infinita, desenvolvendo até mesmo algum tipo de consciência central, que as possibilite monitorar seus próprios estados, em uma pseudo imortalidade residente em células de silício, contudo elas jamais sofrerão das vicissitudes da morte, por exemplo, alterando muito os seus parâmetros de análise no campo das emoções e por isto, qualquer que seja a noção de si mesma que possa engendrar, ela estará muito distante da natureza humana, devido a sua precária expressão no campo da inteligência emocional, que existe há cerca de um milhão de anos e ser inteligente emocional em nossos dias, significa saber interpretar suas formas de emoções, definir os seus objetivos sempre considerando o tempo e a energia disponível, saber se dedicar de uma maneira adequada aos vários planos da vida, nunca desconsiderando o efeito social de suas decisões que se torna cada vez mais difuso, quando se entra neste maravilhoso mundo da tecnologia moderna, afinal estamos ingressando em um década incrível para a comunicação.

Provavelmente quando ela terminar, todas as formas de comunicação do mundo, sejam de voz, dados ou imagens, poderão ser transmitidas através de uma única fibra ótica, em apenas poucos segundos, o nosso conhecido transistor poderá ser feito de apenas um átomo ou os nossos processadores não serão mais do que uma molécula.

É fantástica as possibilidades da nanotecnologia, que permitirá em poucos anos a produção de minúsculos robôs ou mesmo o grande avanço na área biológica, que tem possibilitado o desenvolvimento de novos softwares para serem utilizados em computadores cada vez mais rápidos e eficientes.

Hoje estamos muito mais próximos do computador quântico, capaz de superar tudo que a imaginação humana já concebeu, pois o limite da tecnologia atual esta no átomo, talvez se possa ir além, até o núcleo do átomo, mas já seria muito mais complicado, apesar do futuro da nanotecnologia estar dentro do núcleo do átomo, ainda o conhecemos muito pouco, entretanto a ciência pensa de múltiplas formas e age também na computação óptica, biológica, digital e analógica.

A computação quântica é algo extremamente novo e se baseia na manipulação de elétrons, um a um ou em grupos, juntando-os ou separando-os, mas ainda se esta no inicio deste caminho, o que o torna um tema fascinante principalmente pelas suas possibilidades.

No caso da computação biológica, ela estará baseada nas moléculas de DNA e proteínas, que somado ao avanço da física, química e biologia, será possível a criação de novos conceitos da computação. Através do encontro da ciência e das técnicas físico químico biológico, os cientistas estão aprendendo novas formas no processo de síntese, só possíveis através da nanotecnologia e estão buscando também, entender o funcionamento do cérebro dos animais primitivos, como a lesma e o caracol, com o propósito de transferir parte destes conhecimentos para o campo da inteligência artificial e tecnologia espacial, favorecendo futuras explorações planetárias, na busca de vidas extraterrestres e conhecimentos diversos.

Há muitas pessoas que juram ter visto um disco voador, a ciência não leva isto realmente á sério, contudo existem algumas aparições que nunca foram bem explicadas. Muitas destas visões a psicanálise explica como sendo alucinações causadas por ansiedades coletivas, que ocorrem em períodos de crises, seria, portanto uma versão moderna da visão de santos e demônios tão comuns na idade média. Segundo esta interpretação, o homem da era espacial espera ser salvo de seus problemas cotidianos, não por anjos como antigamente, mas por seres extraterrestres.

Dentro deste contexto, compreende-se por que ver um OVNI é fácil, o difícil é fazer com que alguém acredite.

O mistério dos óvnis surgiu logo depois da segunda guerra mundial, quando um piloto americano afirmou ter sido perseguido por uma esquadrilha de naves em formato de pires, não demorando muito para que a imprensa sensacionalista projetasse na imaginação popular, que eram mesmo os marcianos invadindo a Terra.

No futuro é bem provável algum tipo de contato, que poderá ser acidental ou deliberado através do rastreamento de sinais no espaço, afinal é possível que neste vasto universo, onde a Terra é um ponto menos que insignificante, existam muitos mundos nos quais alguma forma de vida inteligente tenha florescido, embora nada indique até agora, que alguns desses mundos seja um dos oito planetas deste sistema solar, mas que existem em algum ponto dessas cento e vinte e cinco bilhões de galáxias do universo, pelas leis da probabilidade, se tornam mais que plausíveis, contudo se a sua forma de evolução seguir o mesmo princípio de nosso planeta, todas as nossas diferenças dependerão de apenas dois fatores básicos, quando e onde esta vida extraterrestre se iniciou, sendo que o "onde vai definir as suas características físicas e o "quando" o seu grau de desenvolvimento.

Nesta fascinante jornada do conhecimento, aos poucos os cientistas vão descobrindo coisas realmente extraordinárias sobre o universo.

Como os quasares, que são corpos celestes que piscam a bilhões de anos luz da Terra, mas foram descobertos há apenas poucas décadas.

É certo que brilham no espaço intensamente, há cerca de quinze bilhões de anos, desde a origem do universo, apresentando um pequeno e quase insignificante ponto de luz azulado no céu escuro, que pode ser visto na constelação de Sagitário, tendo sido quase testemunhas do Big Bang.

São os corpos mais distantes que conseguimos identificar e fazem parte, portanto do rol dos fascinantes enigmas que desafiam a curiosidade do homem.

Agora nos vamos entrar num mundo teórico, muito diferente da realidade macroscópica com a qual convivemos todos os dias, afinal estamos falando da estrutura interna dos prótons e buscando a última fronteira da realidade, os tijolos básicos de que todo o universo seria formado, mas antes vamos rever alguns conceitos sobre o átomo, que representa a menor porção de matéria.

Nas altíssimas temperaturas do universo primitivo, a matéria estava desintegrada em uma infinidade de partículas elementares, que foram se resfriando gradativamente, por um período calculado em mais de trezentos mil anos, até o aparecimento dos primeiros átomos.

Eles são formados pelos prótons, elétrons, nêutrons e outras partículas quânticas denominadas quarks, leptons e bósons, sendo que os prótons e os nêutrons formam o núcleo do átomo e o elétron fica em órbita em torno deste núcleo.

Os prótons têm carga positiva, os elétrons carga negativa e os nêutrons são desprovidos de carga, sendo possível se verificar que a maior parte do volume do núcleo de um átomo é ocupado pelo vazio e ele se mantém graças a força nuclear forte, se ela deixasse de existir, o núcleo explodiria devido a repulsão eletromagnética entre os prótons.

A força nuclear forte atua apenas em pequeníssimas distâncias da ordem de duas ou três vezes o diâmetro da própria partícula, contudo se ficarem mais próximas podem se tornar repulsivas, impedindo que o núcleo dos átomos estourem devido a repulsão elétrica.

As forças magnéticas, gravitacionais, nucleares forte e fraca, são as quatro forças conhecidas no universo e todas atuam no núcleo do átomo, que sob a força nuclear forte, toda a matéria existente nele, se apresenta extremamente compactada. Através da mecânica quântica, se sabe, que em qualquer tipo de radiação, a luz por exemplo, só poderá ser emitida, transmitida e absorvida em quantidades discretas de energia, significando que o fluxo de energia é formado por uma quantidade de pequenos pacotes individuais chamados de quanta(plural de quantum), sendo que a energia de cada quantum é igual a sua freqüência de radiação multiplicado por um valor constante chamado de constante de Plank.

Esta fórmula ajudou a explicar o efeito fotoelétrico, através dos fótons, que representa a luz como sendo um jorro de partículas e não como uma onda contínua, podendo ser curvada pela força de uma certa quantidade de massa, como a de uma estrela, no entanto, como a velocidade da luz não pode ser mudada, é o tempo que se adapta a sua curvatura, mantendo-a constante, mesmo em situações extremas, como por exemplo, num buraco negro, fenômeno estelar que ocupa o centro da nossa galáxia e cuja força gravitacional é tão intensa, que nem a luz escapa, adquirindo uma forma negra.

A teoria da relatividade diz que o tempo não é algo essencialmente diferente do espaço, assim além das três dimensões conhecidas, comprimento, largura e altura, o universo tem uma quarta dimensão, o espaço-tempo.

Este espaço-tempo quadrimensional é flexível e suas formas se curvam quando contem uma grande concentração de massa, por exemplo, todos os planetas do sistema solar, são mantidos em sua órbitas, devido ao encurvamento do espaço-tempo produzido pela enorme massa do sol. A nossa tecnologia atual nos permite alcançar uma velocidade em torno de quarenta mil quilômetros por hora, contudo estamos muito longe da velocidade da luz, que fica em torno de trezentos mil quilômetros por segundo, mas viajar nesta velocidade seria impossível, pois toda a matéria submetida a esta velocidade se transforma instantaneamente em energia, no entanto, poderemos chegar muito próximo a ela, mas para isto, será necessário se desenvolver um sistema de propulsão suficientemente potente para impelir uma nave a velocidades altíssimas.

A primeira opção seria foguete movido a energia de fótons, esta energia seria resultante da fusão da matéria e antimatéria, outra opção, seria se utilizar o hidrogênio, elemento mais comum do universo ou ainda um foguete a íons, que teria a sua energia a partir da desintegração de íons, não importa, provavelmente nos próximos séculos, o homem terá desenvolvidos tecnologias para se aproximar muito desta velocidade, mas a nossa realidade dentro do espaço-tempo é muito mais complexa do que simplesmente se atingir a velocidade da luz, pois considerando se que a galáxia mais próxima que é Andrômeda, está há aproximadamente dois milhões de anos-luz da Terra, nunca chegaremos a conhecer qualquer galáxia neste vasto universo.

Evidentemente, esta afirmação só seria válida, se considerássemos que o espaço é algo absoluto e desta forma a distância entre a Terra e a galáxia de Andrômeda nada teria a ver com a velocidade do foguete, que mesmo viajando na velocidade da luz um terrestre levaria dois milhões de anos para chegar até ela.

Contudo a maravilhosa teoria da relatividade, nos demonstra que não é bem assim, pois quanto maior a velocidade, maior a relação entre o espaço e o tempo, significando que a velocidade nada mais é, do que determinado espaço percorrido em um determinado tempo, deixando claro, que a distância é relativa como todos os outros parâmetros que nos cercam, afinal o nosso universo não representa o tudo, já que ele é resultante da manifestação de um fenômeno qualquer, que obviamente não pode ter vindo do nada absoluto, sendo mais lógico se pensar na existência de um outro universo, coexistindo com o nosso.

Quando se raciocina dentro da relatividade, a viagem de um astronauta em uma nave, cuja velocidade está a noventa e nove por cento da velocidade da luz, gastaria aproximadamente vinte e oito mil anos até Andrômeda, fantástica economia de tempo, em relação a hipótese anterior, mas se a nave viajasse a noventa e nove por cento da velocidade da luz somados de casas decimais depois da virgula levaria brevíssimos quatro anos, entretanto esta contração do tempo, só pode ser observada a partir de velocidades extremamente altas.

Entre a partida e o regresso da nave teriam sido transcorridos pouco mais de oito anos para o astronauta, mas para quem ficou na Terra, teria se passado fantásticos três milhões de anos, portanto teremos que buscar outro caminho se quisermos conhecer Andrômeda e voltarmos ainda no nosso tempo.

Acredita-se que no universo não existam pontos realmente vazios, é possível que todo ele esteja se expandindo dentro de um tipo de massa fantasma estática, que fica no limite entre espaço-tempo e o absoluto, assim chamada, porque seria formada por partículas ínfimas, denominada de partículas indefinidas, que estariam muito além dos quarks, conseguindo atravessar a matéria de forma imperceptível, lembrando de forma bem genérica os neutrinos, que são gerados pela explosão de uma supernova e bem conhecidos pela nossa ciência, contudo elas seriam muito menos dependentes de nossas leis físicas, a sua base estrutural seria outra. Quando se pensa em estrutura subatômica, o espaço entre as partículas se torna muito importante, ou melhor, o suposto vazio que existe entre elas.

A diferença básica entre o vazio do núcleo de um átomo e o vazio entre os planetas, é que o vazio do átomo esta muito mais próximo de romper a barreira de espaço-tempo, sendo que esta proximidade é diretamente proporcional a concentração de matéria, ou seja, se houvesse uma concentração próxima a de um buraco negro, esta barreira espaço-tempo seria rompida, como supostamente acontece com os buracos negros, causando dois caminhos ortogonais de expansão do universo, sendo um causado pelo Big Bang e outro causado pelos buracos negros, pois devido a uma distorção fortíssima que acontece próximo ao seu núcleo, grande parte da matéria atraída por ele, supostamente seria lançada em forma de jatos contínuos para fora da curvatura do espaço-tempo que define o nosso universo e devido a uma abrupta variação de velocidade, atingiria proporções fantásticas de energia, podendo formar até mesmo galáxias.

Hoje a ciência pode afirmar com um certo grau de segurança, que os prótons e os nêutrons tem uma estrutura interna, representados teoricamente pelos quarks, que se mantém agregados por uma força tão poderosa, que seria praticamente impossível arrancá-los dali, sendo causada por uma interação intensa, resultante de uma troca de partículas entre partículas, ou seja, os prótons e os nêutrons permaneceriam tão aglutinados no núcleo atômico porque estariam constantemente trocando partículas entre si.

Quanto mais se pesquisa a intimidade da matéria, mais surpresas aparecem e um dos caminhos mais usados para esta inspeção interna, são as partículas de dimensões subatômicas, emitidas por substâncias radiativas, tais como, o urânio que emite diferentes tipos de radiação, que receberam o nome de alfa, beta e gama.

Os raios alfa são partículas positivamente carregadas, os raios betas são elétrons de alta energia e os raios gama simples radiação eletromagnética semelhante à luz, mas de comprimento de onda muito menor.

Quando ocorre uma concentração muito densa de matéria, pode se pensar que as partículas no interior do núcleo se encontram imobilizadas, o que não é verdade, pois as partículas quando confinadas a uma pequena região do espaço tendem a um movimento frenético, os prótons, por exemplo, quando confinados atingem a estonteante velocidade de sessenta e quatro mil quilômetros por segundo.

Existem situações dentro do núcleo do átomo, que se apresenta como se a realidade respondesse da mesma maneira, não importando a forma como a pergunta fosse feita e conceitos como partículas e ondas se misturam em uma só, quando se busca entender o mundo subatômico.

A dualidade da matéria que ora se comporta como partícula, ora como onda, cria situações inimagináveis ao nosso senso comum, fatos que parecem paradoxais, porque comparamos com nossas experiências macroscópicas e que estão muito longe da realidade menos que microscópica do mundo da energia, por exemplo, a natureza ondulatória da matéria, não se restringe apenas ao mundo subatômico, que em principio, não é fora de propósito dizer que todos os corpos do universo têm uma onda associada, isto vale para todos os seres vivos, como para os planetas, estrelas, galáxias, e só não a percebemos porque este comprimento de onda é tão pequeno que escapa a uma detecção mais acurada.

Quando se raciona buscando-se situações antes do Big Bang, tudo se torna extremamente enigmático, ficando impossível não transitar de uma forma mais ousada no campo da imaginação, para se buscar algumas respostas e nesta linha, podemos considerar que antes do Big Bang, existia apenas algum tipo de estateticismo, que em um paradoxo, aconteceu uma o que poderia ser considerada, uma ínfima manifestação qualquer, causando um esta de desequilíbrio crescente em algum ponto do infinito.

Se considerarmos simbolicamente a distância de observação em um trilhão de anos, neste contexto então, o observador enxergaria o nosso universo com seus quinze bilhões de anos, como nada mais que um singelo ponto de luz quando visto desta distância, onde poderia quem sabe estar também vendo vários outros pontos de luzes, significando também vários outros universos, talvez até com alguns semelhantes ao nosso, que estariam igualmente se expandindo e até quem sabe se encontrando em um futuro longínquo, tudo é possível, mas na medida em que este desequilíbrio inicial aumentava, começou proporcionalmente também a liberar algum tipo de energia, causando um este fenômeno expansivo, de que quanto maior era a energia concentrada, maior seria também o espaço tridimensional projetado. Neste contexto, fica relevante entender, que antes do espaço, do tempo e da matéria, existia muito provavelmente existiria apenas esta energia, sendo que o espaço-tempo só começou a existir, no instante em que a matéria foi adquirindo um estado tridimensional, definindo o espaço e o tempo que passou a existir com a expansão do universo.

Em um nível psicológico, a nossa experiência consciente do tempo, depende necessariamente da forma como o percebemos, pois a linha que separa o passado do futuro é extremamente tênue e quem a move é a nossa consciência, que reage muito lentamente a seqüência dos fatos.

O presente é um instante tão infinitamente curto, que se torna ilusório à nossa realidade e por isto, podemos afirmar que não existe nenhum momento que seja válido universalmente, pois não existe nenhum agora que seja igual de um ponto ao outro do universo, significando que o conceito de presente é uma questão puramente de referência para o observador, dependendo unicamente de seu estado de movimento.

O tempo esta estreitamente relacionado com o espaço, sendo ambos fenômenos físicos e através da matéria, um não existe sem o outro.

É possível que a matéria como a conhecemos seja formada por camadas superpostas de energia, sendo que o conjunto de energia de cada camada expressaria um conjunto de partículas e que se repetiria sucessivamente e decrescentemente até se chegar na massa do próton e do nêutron, sendo que a sua base seria constituída por bilhões de partículas, que pulsariam de forma independente, mas sempre somando os seus resultados de energia, contudo só interagiriam com a dimensão espaço tempo quando estivessem em movimento, quando estáticas, se tornariam totalmente imperceptíveis e independentes as nossas leis físicas, seria como se não existissem realmente.

Dentro destas considerações, a matéria poderia ser uma simples expressão de energia que possibilitou o processo da vida, através da combinação química das moléculas.

Tudo é pouco compreensível, mas em hipótese, talvez exista um estado especial da matéria em que a dimensão espaço-tempo teria pouca influência sobre ela.

Seria estupendo, se no futuro isto fosse verdade, pois abriria um leque fantástico de pesquisas e de possibilidades, até então inimagináveis a nossa realidade, mudando todas as referências que temos hoje de espaço e tempo, mas como sabemos, a ciência é morosa e ainda nem rompemos a barreira tecnológica da luz, isto é pensar muito a frente, uma ficção, o que é realmente certo, é que as dificuldades dos princípios fazem parte da natureza humana.

Ela vem de uma longa evolução genética, que somada a uma trajetória pessoal num meio físico, social e cultural, determina o nosso comportamento de um modo geral.

Dentre as nossas características principais, se destaca a consciência central, que se encontra baseada nas regiões mais antigas do cérebro, tendo a sua ação independente das operações mentais mais complexas, permitindo que os nossos esforços intelectuais interfiram diretamente com os processos cognitivos, que levam a manifestação das emoções.

Apesar dos genes terem direcionado toda a evolução orgânica, incluindo o nosso cérebro, ele não controla a nossa mente, na verdade, podemos defini-la como uma conexão entre o corpo e o cérebro, que se dá por um tipo de hardware bioquímico, permitindo a atuação da linguagem, além da capacidade de raciocínio, tendo a sua expressão principalmente através das emoções, nos trazendo a certeza, que a criação humana não foi simplesmente o resultado de uma sistemática fria de evolução, mas que existem um conjunto de valores e comportamentos preestabelecidos dentro de nossas vidas e que nos ajuda a evoluir, nos enchendo de esperanças quanto ao nosso real futuro em todo este processo. Nesta grande aventura que é a vida, esperamos diariamente um milagre, mas esquecemos que este milagre esta dentro de nós mesmos, a própria vida.

Vivemos num banho de sensações, das quais uma ínfima parte atrai a nossa atenção e por isto buscamos na religião, na arte e na ciência, o grande significado da vida, mas a experiência nos ensina, que nem todos os caminhos são para todos os caminhantes.

Isto porque alguns se esquecem de ajudar a sua aurora interior a nascer e acabam por viver uma existência sem brilho, que não significa sucesso ou dinheiro, mas simplesmente uma vida equilibrada e bem vivida.

Diante da inegável complexidade da criação, as vezes a sabedoria e os conhecimentos dos povos parecem ridículos, mas abolir as dificuldades dos princípios seria inconcebível, já que implicaria a negação da própria natureza humana, é a nossa missão decifrá-los, mas para isto, devemos sempre estar aberto a todas as opiniões, analisando e filtrando todas as informações, através de uma auto percepção de valores uma espécie de dialogo intimo, usado para o esclarecimento das idéias, pois o nosso pensamento não pode ser prisioneiro de valores estabelecidos em nosso meio, mas sempre devemos estar buscando novos valores, que estejam afinados em uma harmonia consciente entre o tempo e a eternidade, que é a fonte de toda sabedoria. Falando de forma genérica, há cinco aspectos da natureza humana, físico, emocional, intelectual, moral e espiritual, sendo imprescindível um relativo equilíbrio entre eles, para se ter uma vida produtiva e feliz.

A nossa realidade quase sempre é menos dramática do que a visão que temos dela, devemos sempre ser um otimista vigilante, renovando as nossas energias a todo instante, purificando os nossos pensamentos com uma imaginação sadia, procurando manter a mente sempre vigorosa e tranqüila, afinal da pele para dentro, todos os problemas são psicológicos.

Para o otimista, o que importa é saber que agora, neste exato momento, estão nascendo, crescendo ricas e puras oportunidades, que a mais nobre essência da vida faz fluir em milhões de seres, em todas as partes do mundo, pois quem de nós tem o privilégio de perder o fluir, as captações vibrantes da vida, que só se manifestam através do positivismo.

"Toda a sua sabedoria, se encontra nas sutilezas das informações que viajam no tempo, somados aos desígnios do universo, que de transformação em transformação vai tecendo a inteligência imortal, nos mostrando seus amplos interesses e nos forçando através dos múltiplos talentos que recebemos, a transitar com uma certa ousadia entre o real e o imaginário, que vai pouco a pouco formando o soberbo panorama da nossa ciência, mas que é tão efêmera quanto o motivo que a criou."

No decorrer da história, o homem tem sofrido muito em razão do seu pouco entendimento no que se refere as suas reais origens, buscando respostas em diversas religiões e crendices populares, na tentativa de preencher seu vazio interior e que muitas vezes acaba por confundi-lo ainda mais não contribuindo em nada para o seu desenvolvimento espiritual.

Dentre os muitos dogmas e preceitos das várias religiões que se tem contato, é muito fácil se perder nas decisões e por isto a intelectualidade se torna tão importante para o nosso equilíbrio interior, existe muita sabedoria nas varias religiões e devemos sempre estar receptivos a toda informação que nos ajude no nosso autoconhecimento, afinal a realidade é muito dura quando encarada de frente, fazendo muitas pessoas se apegarem em amuletos e outros símbolos, na esperança de poder dividir o seu fardo de problemas, entretanto este caminho não é o melhor, pois além de afastá-lo da realidade, não resolve os seus problemas.

A ciência através de suas pesquisas, nos mostra que a mente tem influência direta em nosso sistema imunológico, confundindo muitas vezes essas pessoas em sua fé, que atribui a sua melhora de alguma enfermidade a algum tipo de amuleto, mas que na verdade foi o simples resultado de uma atitude mental positiva, que alterou o seu sistema imunológico, melhorando o seu estado físico.

È coerente imaginarmos, que na falta de um treinamento intelectual adequado, a fé se degenera em sectarismos.

O nosso espírito deve estar em sintonia com Deus, assim como os nossos pensamentos devem estar em consonância com a vida na busca pelo consistente, pois esta é a única forma de fazermos valer a nossa existência.

A ciência pode ser qualquer coisa menos auto-suficiente, pois separar a religião da ciência de forma que elas não lutem entre si, é apenas a metade da história

Existem muitas formas de se comunicar com Deus e cada um deve encontrar a sua e após isto, certamente o propósito da vida ficará cada vez mais claro em sua mente.

A religião sempre foi muito importante para o nosso equilíbrio interior e houve um momento na nossa história, em que se tornou necessário uma orientação mais empirista, para que pudéssemos conhecer melhor nossos reais valores intrínsecos e precisávamos de uma grande referencia.

Todos os anos no dia vinte e cinco de dezembro revivemos a suprema tradição cristã de natal, quando comemoramos o nascimento de Jesus, as pessoas trocam presentes, enfeitam pinheiros com luzes e bolas coloridas, montam presépios representando o nascimento de Jesus, a gruta em Belém, o menino na manjedoura, os pastores e os três reis magos, que segundo a bíblia vieram do oriente trazendo ouro, incenso e mirra, guiados por uma estrela na busca do rei prometido, neste caminho chegaram a Jerusalém, capital do antigo reino de Israel, onde reinava

Herodes, contudo ali não encontraram o recém nascido e seguiram até Belém.

As oferendas com que presentearam Jesus foram carregadas de significados, o ouro simbolizava a realeza, o incenso a divindade e a mirra era usada em sepultamentos, o que faz supor que Mateus estava aludindo a morte de Jesus.

No sentido bíblico, os magos representavam as nações, que reconheceram no menino o rei prometido, são todos de origem oriental e todos tinham a ver com a realeza e poder, sendo que Melchior do Hebreu quer dizer "rei de luz", Baltazar do Aramaico significa "Deus proteja a vida do rei e Gaspar é dos três, o que tinha a maior possibilidade de ser realmente um rei, mas quem foi Jesus afinal?

A resposta é difícil, principalmente porque os únicos relatos sobre a sua vida são os evangelhos, escritos e rescritos décadas depois da sua morte.

A igreja aceita apenas quatro destes textos como válidos, os chamados evangélicos canônicos, atribuídos a Marcos, Mateus, Lucas e João.

Na época em que Jesus nasceu os judeus esperavam por líder que os livrasse do jugo romano.

Para Mateus, Jesus era o messias esperado e por isto o seu nascimento ocorreu em Belém, sendo saudado pela aparição da estrela de Davi, mas conforme relato de Mateus, Jesus descende de Davi por meio de José e sua ação transcorreu principalmente entre os pobres e marginalizados do seu tempo, passando a maior parte da sua vida na região da Galiléia, que abrigava uma população em sua maioria, totalmente miserável.

Foram quase trinta anos de lacuna na narrativa dos evangelhos, do nascimento até o início de sua pregação, dando margem para todo tipo de fantasia, até que ele teria estado no Tibet, o que é pouco provável. Jesus não era um sacerdote, raramente pregava nas sinagogas, suas ações e seus pensamentos aconteciam sempre no meio do povo.

Batizado por João ficou em jejum durante quarenta dias no deserto, isolamento este, que aconteceu também com Buda e Maomé, pois naquela época era normal se passar por períodos de solidão junto a natureza, antes de uma decisão importante.

Jesus sofreu três tentações envolvendo riqueza, prestígio e poder, contudo o ponto mais culminante na sua trajetória, para o qual convergem todas as narrativas evangélicas, foi a sua estadia em Jerusalém, onde se confrontou diretamente com o centro do poder, sendo julgado, condenado e crucificado, apesar de na sua chegada ter deixado bem claro através de suas palavras, que ele não vinha para liderar uma rebelião militar contra o domínio romano, mas propor uma transformação em outro tipo de estrutura da sociedade e da mentalidade humana.

Suba o primeiro degrau com fé.
Não é necessário que você veja toda a escada.
Apenas dê o primeiro passo.

Meu Deus, eu gostaria de lhe agradecer pelas inúmeras vezes que você me enxergou melhor do que eu sou!

ELE VENCEU O MUNDO

Palavras de fé

Cada dia, cada manhã Deus prepara sempre algo de novo para nós, então fique atento, não se distraía da presença do Senhor.

Elevo os olhos para o monte de onde meu socorro vem. A esperança pressupõe a espera logo vem o Rei.

A palavra iluminará o caminho estreito ao lar. A promessa não me falhará creio em ti meu Senhor, pois a mais bela obra que saiu de mãos humanas foi à escrita dos Evangelhos e em nenhum outro lugar se encontrará conhecimento mais profundo do ser humano, de suas contradições, de suas fraquezas, dos movimentos mais secretos de seu coração...

Quer ser feliz? Observe as crianças. Elas não lamentam o passado e não se preocupam com o futuro.

Elas simplesmente aproveitam o presente com tudo que ele oferece. Se dói, choram.

Se é bom, distribuem gargalhadas contagiantes. Simples assim. Liberam seus sentimentos e vivem.

Deus está dentro de você e ao seu redor, e não em castelos de pedra ou em mansões de madeira.

Levante uma pedra e encontrará Deus. Quebre um pedaço de madeira e Ele estará ali.

Quem souber o significado dessas palavras jamais conhecerá a morte... As vezes pensamos que estamos só?

Não estamos, pois Deus está com cada um de nós, nos apoiando pela luta da vida.

Este nosso tempo aqui é uma superfície oblíqua e ondulante que só a memória é capaz de fazer mover e aproximar do que realmente é verdadeiro.

No mundo terais aflições. mais não desanime pois Jesus Cristo venceu o mundo....

Nesta nossa arte de viver, devemos aprender com o passado, mas não viver nele.

Tudo na vida são experiências, você pode até dizer que não entendeu o que eu disse.

Mas jamais poderá dizer que não entendeu como eu te olhei.

As palavras estão cheias de falsidade ou de arte, mas o olhar é a linguagem do coração e por isto as mais belas frases de amor são ditas no silêncio de um olhar.

É justo pensar, que todos aqueles que não compreende um olhar, tampouco compreenderá uma longa explicação!

O mundo em que vivemos depende da forma como direcionamos a nossa percepção.

Segue um bom exemplo...

Dois homens olharam através das grades, um viu a lama e o outro as estrelas.

Sempre busque o horizonte e nada de lamentos, já que não faz sentido olharmos para trás e pensar: devia ter feito isso ou aquilo, devia ter estado lá. Isso não importa.

Vamos inventar o amanhã, e parar de nos preocupar com o passado.

O que esta feito... esta feito!.

Nesta linha, deveríamos olhar demoradamente para nós próprios antes de pensarmos em julgar os outros.

A força de um olhar nos trás a maturidade e através dela aprendemos a aceitar com menos sofrimento, entender com mais tranquilidade, querer com mais doçura e principalmente trazer mais próximo do olhar todas aquelas visões extraordinárias, das coisas que abraçamos de olhos fechados, sendo muito inesquecíveis.

Jesus é o pilar que sustenta nossas vidas frágeis e o único elo com Deus.

Sendo que a Eucaristia é uma celebração em memória da sua morte e da sua ressurreição, representando em seu ato, a **saúde da alma e do corpo**, remédio de toda enfermidade espiritual, curando os vícios, reprimindo as paixões, vencendo ou enfraquecendo as tentações, comunicando maior graça, confirmando a virtude nascente, confirmando a fé, fortalecendo a esperança, inflamando e dilatando a caridade.

Em um passagem descrita na bíblia, Jesus disse: Das ovelhas que meu Pai me confiou, nenhuma se perderá.

Acredite nestas palavras e com certeza terá mais paz de espírito. Nesta nossa breve caminhada, precisamos entender que toda a sua sabedoria se encontra nas sutilezas das informações que viajam no tempo, somados aos desígnios do universo, que de transformação em transformação vai tecendo a inteligência imortal, nos mostrando seus amplos interesses e nos forçando através dos múltiplos talentos que recebemos, a transitar com uma certa ousadia entre o real e o imaginário, que vai pouco a pouco formando o soberbo panorama da nossa ciência, mas que é tão efêmera quanto o motivo que a criou."

È coerente imaginarmos, que na falta de um treinamento intelectual adequado, a fé se degenera em sectarismos.

Existem muitas formas de se comunicar com Deus e cada um deve encontrar a sua e após isto, certamente o propósito da vida ficará cada vez mais claro em sua mente.

A religião sempre foi muito importante para o nosso equilíbrio interior e houve um momento na nossa história, em que se tornou necessário uma orientação mais empirista, para que pudéssemos conhecer melhor nossos reais valores intrínsecos e precisávamos de uma grande referencia.

Um dos pontos mais delicados na tentativa de entender a história de Jesus são seus milagres, pois naquela época não existia uma definição clara entre o natural e o sobrenatural, mas não importa, ela é muito fascinante, principalmente pelo que representa em nossas vidas, a luz no fim do túnel.

Porque a ciência depende da religião?

Porque seria impossível hoje para a ciência construir um sistema hermético, em que toda a realidade estaria ao seu alcance.

Ela esta longe de ser autônoma e de definir por seus métodos, a natureza da racionalidade, isto porque a própria ciência se vê obrigada a se apoiar em pressuposições fundamentais da religião.

Existem ainda muitos questionamentos, que por certo podemos tomar a natureza ordenada do mundo físico, bem como a capacidade humana desta percepção, sem buscarmos através do teísmo, a racionalidade do criador.

Em resumo, A ciência pode ser qualquer coisa menos auto-suficiente, pois separar a religião da ciência de forma que elas não lutem entre si, é apenas a metade da história.

Na perspectiva pós-modernista nenhuma delas pode reivindicar superioridade.

A questão do futuro do universo esta ligada diretamente a quantidade de matéria que o universo possui.

A combinação da matéria comum formada de (prótons, nêutrons e elétrons), matéria e energia escura determina não só a dinâmica do universo (expansão retardada ou acelerada), mas também a geometria (casos em que ele é aberto, fechado ou plano).

Esta combinação de matéria ordinária, matéria escura e energia escura definem a sua geometria e, consequentemente, o seu destino final.

Talvez o futuro do nosso universo esteja em começar de novo com outro (ou, segundo modelo cíclico, o mesmo) Big Bang.

Agora saber o futuro da vida dentro deste universo, é um assunto ainda muito mais interessante.

INFORMAÇÕES SOBRE NOVAS PUBLICAÇÕES

WWW.facebook.com.br/wmdias

Copyright © 2014 by

Wladimir Dias